Ingrid Moras

Bastelspaß mit Wabenpapier

CHRISTOPHORUS
BRUNNEN-REIHE

SEIT MEHR ALS 30 JAHREN STEHT DER NAME „CHRISTOPHORUS“ FÜR KREATIVES UND KÜNSTLERISCHES GESTALTEN IN FREIZEIT UND BERUF. GENAUSO WIE DIESER BAND DER BRUNNEN-REIHE IST JEDES CHRISTOPHORUS-BUCH MIT VIEL SORGFALT ERARBEITET: DAMIT SIE SPASS UND ERFOLG BEIM GESTALTEN HABEN – UND FREUDE AN SCHÖNEN ERGEBNISSEN.

ISBN 3-419-55900-3

2. Auflage 1997

Styling und Fotos: Roland Krieg, Waldkirch
Zeichnungen: Ingrid Moras
Umschlaggestaltung: Network!, München
Produktion: Print Production, Umkirch
Druck: Freiburger Graphische Betriebe, 1997

CHRISTOPHORUS
Bücher mit Ideen

Inhalt

Jetzt geht's rund mit Wabenpapier!

Wabenpapier – so heißt das neue, besonders attraktive Bastelmaterial, mit dem schnell beeindruckende, plastische Figuren und Dekorationen – für Kinderfeste oder kleine Geschenke gebastelt werden können.
Das Material eignet sich auch hervorragend für bewegliche Spielfiguren, die in die Länge oder Breite gezogen werden können. Clowns entfalten ihr prächtiges Gewand und wachsen buchstäblich über sich hinaus, eine kleine Taube flattert mit den Flügeln, und viele andere beliebte Tiere verschönern Geschenke, Fenster oder Tische.

Ebenso schnell ist eine ausgefallene Blumenkarte für zum Muttertag, zum Geburtstag oder für einen anderen festlichen Anlaß gebastelt. Der Überraschungseffekt beim Öffnen der Karte ist groß.

Ich wünsche allen viel Freude beim Basteln!

Ingrid Moras

Das Material und die Technik

Das Wabenpapier

Das in diesem Buch verwendete Wabenpapier (15 mm-Papier) wird aus 30 Lagen Seidenpapier hergestellt, die durch gerade, parallel verlaufende Klebstofflinien miteinander verbunden sind. Da inzwischen eigentlich nur noch Wabenpapier mit relativ großen Waben angeboten wird, habe ich in diesem Buch ausschließlich dieses Papier verwendet. Diese großen Waben können sich sehr weit ausdehnen. Deshalb muß bei den Spielfiguren ein dünner Nylonfaden durch das Wabenpapier gezogen und jeweils an den Außenseiten festgeklebt werden, der die Ausdehnung des Papiers stoppt. Gelegentlich kann es passieren, daß eine Klebelinie nicht hält. In diesem Fall ist es hilfreich zu wissen, wie Wabenpapier entsteht, damit man eine fehlende Klebelinie ausbessern kann:

❶ Dreißig gleich große Blätter ausschneiden. Ein Blatt auf die Arbeitsunterlage legen. Im Abstand von 3 cm gerade Klebstofflinien auftragen, die immer parallel zueinander verlaufen. Dazu einen kraftvollen Kleber verwenden, damit die Klebenaht beim Auseinanderziehen des Wabenpapiers hält. Ein Blatt Seidenpapier deckungsgleich auflegen.

❷ Die Klebelinien schimmern durch das dünne Papier. Jeweils genau in der Mitte zwischen diesen Linien die neuen Klebstofflinien im Abstand von 3 cm auftragen, wieder parallel zu den anderen. Das dritte Blatt Seidenpapier auflegen und andrücken.

❸ Diese beiden Arbeitsschritte im Wechsel wiederholen, bis alle Blätter aufgebraucht sind. Auf diese Weise entstehen die rautenförmigen Waben. Die Linien werden zwar auf jedem Blatt im Abstand von 3 cm gezogen, durch die von Blatt zu Blatt versetzte Anordnung schimmern sie jedoch auf der Oberfläche in einem Abstand von 1,5 cm durch das Papier. Deshalb wird vom 15 mm-Wabenpapier gesprochen.

Das Übertragen der Vorlagen

Die Vorlagen am besten mit einem weichen Bleistift auf Transparentpapier übertragen, dieses mit den Linien nach unten auf das Wabenpapier oder andere Papiere legen, die durchschimmernden Bleistiftlinien nachfahren und so auf das Papier übertragen.

Der Entwurf einer Bastelarbeit aus Wabenpapier

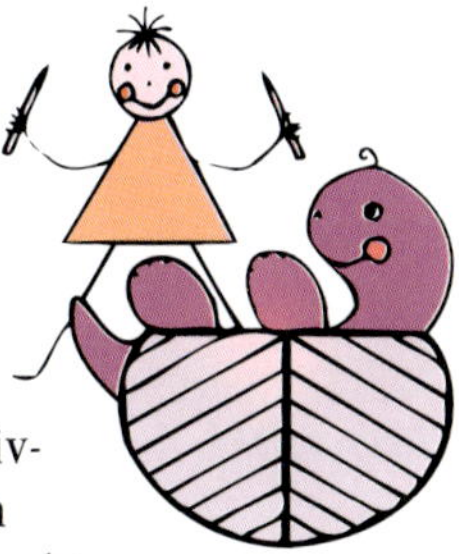

Das Motivteil, das mit Wabenpapier beklebt werden soll, muß immer symmetrisch sein. Das bedeutet: wenn man das Motivteil (z.B. den Bauch eines Tieres) senkrecht oder waagrecht halbiert, müssen beide Hälften gleich groß, also deckungsgleich sein.

Die Form des auszuschneidenden Wabenpapiers

Die Form, die aus Wabenpapier ausgeschnitten wird, entspricht genau einer Hälfte des zu beklebenden Motivteils. Sie wird durch das Aufziehen der Waben um 180 Grad und das Fixieren der beiden Außenseiten des Wabenpapiers auf dem Untergrund zum vollständigen, plastischen Motivteil.

Die Anzahl der Lagen des Wabenpapiers

Bei den meisten Bastelarbeiten muß das Wabenpapier um 180 Grad aufgefächert werden. Wenn die zu beklebende Figur einen Durchmesser von 10 cm nicht überschreitet, genügt eine aus dem 30lagigem Wabenpapier ausgeschnittene Form. Wenn der Durchmesser von 10 cm überschritten wird, müssen zwei oder mehr aus Wabenpapier ausgeschnittene Teile deckungsgleich aufeinander fixiert werden, damit ein Auffächern um 180 Grad möglich wird. Auch die Klebelinien sollten immer deckungsgleich verlaufen. Bereits beim Übertragen der Vorlage muß auf die Richtung der Klebelinien geachtet werden.

Entsprechend mehr Lagen müssen aufeinander fixiert werden, wenn das Wabenpapier zu einer kompletten Rundform um 360 Grad aufgefächert werden soll. Bei kleinen Bastelarbeiten fixiere ich gern zwei Lagen aufeinander, da die Waben dann nicht allzu weit aufgezogen werden und deshalb weniger druckempfindlich sind.

Tip 1:
Die dreißig Lagen des Wabenpapiers müssen an den geraden Kanten in der Mitte zusammenbleiben. Meistens genügt reichlich aufge tragener Klebstoff. Zur Sicherheit kann zusätzlich ein Stück Klebeband um die Kante herumgeklebt werden, vor allem dann, wenn viele Lagen Wabenpapier aufeinandergeklebt werden.

Das Ausschneiden des Wabenpapiers

Zum Ausschneiden von Motivteilen aus Wabenpapier sollten unbedingt gute, d.h. scharfe Scheren verwendet werden, da die Ränder anderenfalls leicht fransig werden. Obwohl sich Wabenpapier leichter schneiden läßt als ein Karton in vergleichbarer Dicke, werden kleine Kinder beim Schneiden die Hilfe Erwachsener benötigen, da fürs Ausschneiden ein kräftiger Fingerdruck erforderlich ist.

Die Richtung der Klebelinien bei den Motivteilen

Auf die Richtung kommt es an! Damit sich die Waben zur Sichtseite hin öffnen, müssen die Teile aus Wabenpapier so ausgeschnitten werden, daß die gerade Kante der auszuschneidenden Halbform (= Symmetrieachse) senkrecht zu den Klebelinien auf dem Wabenpapier verläuft. In der Vorlage sind in den aus Wabenpapier auszuschneidenden Teilen zwei Linien angegeben. Die Vorlage muß also immer so auf das Wabenpapier gelegt werden, daß diese beiden Linien parallel zu den Klebelinien verlaufen.

Das Aufkleben des Wabenpapiers

Da das aufgefächerte Wabenpapier etwas unter Spannung steht, sollte ein kraftvoller Kleber (z.B. UHU Alleskleber Kraft, auch ohne Lösungsmittel) verwendet werden. Zunächst die eine Außenseite des Wabenpapiers so auf das Motivteil kleben, daß die gerade Kante an der Symmetrieachse (= halbierende Gerade) entlang verläuft. An der geraden Kante über die ganze Länge reichlich Klebstoff auftragen, damit die Lagen des Wabenpapiers beim Auffächern an dieser Stelle gut zusammengehalten werden. Anschließend die zweite Außenseite des Wabenpapiers dünn mit Klebstoff bestreichen und aufkleben.

Das Auffächern des Wabenpapiers

Um das Wabenpapier um 180 Grad aufzufächern, am besten einige Lagen Seidenpapier zusammenfassen und das Papier um die gerade Kante herum aufziehen. Durch das Zusammenfassen einiger Lagen reißt das Papier nicht so leicht ein, die zweite Seite kann besser zur Mittellinie gedrückt und auf dem Motivteil fixiert werden. Am besten mit einer Stricknadel oder einem anderen Hilfsmittel in die einzelnen Waben hineinfahren, und das Wabenpapier auf den Untergrund drücken, bis der Klebstoff abgebunden hat.

Das Herstellen von Grußkarten mit Wabenpapier

Wenn Wabenpapier, das ca. 1-2 mm dick ist, in eine Brief-Doppelkarte eingeklebt werden soll, muß die Karte einen schmalen Rücken haben. Da es solche Karten nicht zu kaufen gibt, muß man selbst neben der vorgeprägten Knicklinie in der Mitte der Karte im Abstand von 1-2 mm (je nach Anzahl der einzuklebenden Lagen Wabenpapier) mit einer Stricknadel oder einem anderen Hilfsmittel eine zweite Linie vorprägen und den schmalen Rücken vorsichtig aufbiegen. Eine Hälfte der Karte steht nun an der Längsseite 1-2 mm über. Dieser Überstand muß bündig abgeschnitten werden.

Tip 2:
Das Auffächern des Wabenpapiers und Ankleben der beiden Außenseiten auf ein Motivteil gelingt noch leichter, wenn die beiden Außenseiten des Wabenpapiers mit einem dünnen Karton beklebt sind.

Material

Teddy:

- **Wabenpapier in Braun**
- **Tonkarton in Rehbraun, Schwarz und Cremefarben**
- **Reborn-Karton in Rot**
- **Filzstift in Schwarz**
- **Nylonfaden (0,15 mm ∅)**

Panda:

- **Wabenpapier in Weiß und Schwarz**
- **Tonkarton in Weiß und Schwarz**
- **Reborn-Karton in Rot**
- **Nylonfaden (0,15 mm ∅)**

Hilfsmittel

- **Schere**
- **Klebeband**
- **Kraftkleber**
- **Nähnadel**

Vorlagen

A, B

Teddy und Panda

Teddy

❶ Den Kopf zweimal und die beiden Beinpaare einmal aus rehbraunem Tonkarton ausschneiden und auf der Vorderseite bzw. einem Kopfteil mit Ohren, Schnauze und Pfoten aus cremefarbenem Tonkarton bekleben. Für die Augen drei immer kleiner werdende Kreise aus cremefarbenem, rehbraunem und schwarzem Tonkarton aufeinanderkleben. Die Nase aus schwarzem Tonkarton fertigen, den „Mund" mit schwarzem Filzstift einzeichnen.

❷ Drei Kreise mit einem Durchmesser von 10 cm aus braunem Wabenpapier ausschneiden. Zwei Kreise senkrecht zu den Klebelinien halbieren. Einen ebenso großen Kreis aus rehbraunem Tonkarton schneiden und halbieren.

❸ Einen weiteren Kreis aus Reborn-Karton ausschneiden, und mit einer Nähnadel im Mittelpunkt ein Loch und weitere zwei Löcher jeweils 1 cm vom Mittelpunkt entfernt stechen. Die Enden eines ca. 1 m langen Nylonfadens bis zur Mitte durch die äußeren Löcher und durch das Loch im Mittelpunkt wieder zurückziehen (s. Vorlagenbogen). Dieser Faden ist der Aufhängefaden.
Den ganzen Kreis aus Wabenpapier in der Mitte durchstechen und einen ca. 20 cm langen Nylonfaden hindurchziehen. In jedes Fadenende Knoten legen, beide Fadenenden zweimal um je ein Stück Klebeband wickeln und so unten und oben am Wabenpapier festkleben, daß das im Wabenpapier verlaufende Stück Faden ca. 6 cm lang ist.

❹ Alle Teile zusammenfügen (s. Vorlagenbogen): Den Kreis aus Reborn-Karton deckungsgleich auf den ganzen Kreis aus Wabenpapier (= Körper) kleben. Oben und unten jeweils zwei Kreishälften aus Wabenpapier so fixieren, daß alle Klebelinien gleich, d.h. von vorne nach hinten verlaufen. Jeweils an den Nahtstellen der zwei Kreishälften reichlich Kraftkleber auftragen, damit die 30 Lagen des Wabenpapiers zusammenkleben.
Auf die Halbkreise aus Wabenpapier oben und unten jeweils einen Halbkreis aus Tonkarton und ein Beinpaar kleben. Sobald der Klebstoff getrocknet

ist, das Wabenpapier jeweils aufziehen und die Teile zusammenkleben. Dabei oben den Kopf am Halsansatz mit einkleben: zunächst das rückwärtige Teil für den Kopf am Halsansatz auf dem Beinpaar fixieren, dann den Faden für die Aufhängung senkrecht nach oben führen und anschließend das mit den Details für das Gesicht beklebte Kopfteil aufkleben.

Panda

Die beiden Teile für den Kopf, die Schnauze und den größeren Kreis für die Augen aus weißem, die Ohren, die Felder um die Augen, die Nase und die Beine aus schwarzem Tonkarton fertigen. Den ganzen Kreis aus weißem, die vier Halbkreise aus schwarzem Wabenpapier ausschneiden. Den Faden für die Aufhängung an einem Kreis aus Reborn-Karton befestigen, die jeweils zu einem Beinpaar gehörenden Halbkreise aus schwarzem Tonkarton fertigen.
Alle Teile zusammenfügen, wie beim Teddy beschrieben.

Lustige Clowns

Material

- **Wabenpapier in Gelb, Rot, Grün, Hellgrün, Blau, Braun und Lila**
- **Tonkarton in Altrosa, Weiß, Schwarz, Rot und Hellgrün**
- **Filzstift in Schwarz**
- **Decorlack in Schwarz**
- **Holzstab (20 cm lang)**
- **Nylonfaden (0,15 mm ∅)**

Hilfsmittel

- **Schere**
- **Nähnadel**
- **Klebeband**
- **Kraftkleber**

Vorlage C

❶ Sechs Kreise mit einem Durchmesser von 9 cm aus verschiedenfarbigem Wabenpapier ausschneiden, einen Kreis senkrecht zu den Klebelinien halbieren.
Jeden der ganzen Kreise in der Mitte mit einer Nähnadel durchbohren, einen Nylonfaden durch das Loch ziehen und oben und unten am Wabenpapier so mit Klebeband befestigen, daß sich das Papier jeweils ca. 6 - 7 cm weit aufziehen läßt (= Fadenlänge im Inneren des Wabenpapiers). Alle ganzen Kreise so aufeinanderkleben, daß alle Klebelinien in der gleichen Richtung verlaufen.

❷ Den Kreis mit den überstehenden Füßen aus schwarzem Tonkarton ausschneiden und so aufkleben, daß die Klebelinien von hinten nach vorne zu den Fußspitzen verlaufen. Die Arme und einen Halbkreis mit dem Durchmesser von 9 cm je zweimal aus hellgrünem Tonkarton ausschneiden. Den Kopf zweimal, die Hände je einmal aus altrosafarbenem, Augenfelder und Mundpartie aus weißem sowie Nase und Wangen aus rotem Tonkarton fertigen.

❸ Vom braunen oder roten Wabenpapier, am Rand zwei kleine Stücke für die Haarbüschel abschneiden, und diese bis zu den Klebelinien fein einschneiden. Ungefähr die Hälfte der Seidenpapier-Lagen abtrennen, so daß vier dünnere Haarbüschel entstehen. Die Haarbüschel mit reichlich Klebstoff zwischen den beiden Teilen für den Kopf so einkleben, daß die eingeschnittenen Haare überstehen, und die Haare mit einer Nadel fein auffächern.
Die vordere Seite des Kopfes mit den Details für das Gesicht bekleben, Mund und Wimpern mit schwarzem Filzstift einzeichnen, und die Augen mit schwarzem Decorlack aufmalen. Die Teile für die Arme zusammenkleben, und dabei die Hände mit einfassen.

❹ Die beiden übrigen Halbkreise aus Wabenpapier so auf den Körper kleben, daß die Klebelinien parallel zu den anderen Klebelinien verlaufen. Dabei an der Mittellinie entlang reichlich Kraftkleber auftragen. Die beiden Halbkreise aus hellgünem Tonkarton deckungsgleich auf die Halbkreise aus Wabenpapier kleben. Am hinteren Halbkreis das Halsteil des Kopfes und die Arme befestigen, das Wabenpapier jeweils um 90 Grad aufziehen und zusammenkleben. Entweder an den Schultern je einen Faden befestigen und diese Fäden an den Enden eines Holzstabes befestigen (= Marionette) oder den Clown über den Tisch „krabbeln“ lassen. Dazu die Arme etwas rund nach vorne biegen.

Verspielte Katzen

❶ Für eine Katze den Kopf und den Schwanz aus gelbem oder rehbraunem Tonkarton ausschneiden. Aus einem andersfarbigen Tonkarton (Weiß, Gelb oder Schwarz) die Ohren, Wangen und anderen Flecken für den Kopf und den Schwanz fertigen und aufkleben. Die Nase aus schwarzem Tonkarton ausschneiden, den Mund mit schwarzem Filzstift und die Augen mit schwarzem Decorlack aufmalen.

❷ Der Körper besteht aus vier Lagen Wabenpapier. Dabei können die Farben beliebig kombiniert werden (Schwarz - Rehbraun, Rehbraun - Gelb oder Weiß - Gelb). Die Form für den Körper (= halbe Form einer Birne) viermal aus Wabenpapier ausschneiden. Dabei darauf achten, daß die Klebelinien immer parallel zu den in der Vorlage angegebenen Linien verlaufen. Jeweils zwei Lagen Wabenpapier deckungsgleich aufeinanderkleben. Anschließend beide Doppellagen aufeinander fixieren, und dabei das Halsteil des Kopfes am schmalen Ende und den Ansatz des Schwanzes am breiten Ende des Körpers mit einfassen.

❸ Auf beiden Seiten des Wabenpapiers mit Kraftkleber je zwei Stäbchen anbringen und zur Sicherheit zusätzlich mit Klebeband fixieren. Je nach Farbe der Katze das Wabenpapier mit den aufgeklebten Hölzchen auf beiden Seiten mit Teilen aus rotem bzw. gelbem Reborn-Karton (= halbe Birnenform) verkleiden.

Material
- Holzstäbchen in Rot und Gelb, (oder Stäbchen vom Stieleis)
- Wabenpapier in Gelb, Braun, Weiß und Schwarz
- Tonkarton in Rehbraun, Gelb, Weiß und Schwarz
- Reborn-Karton in Gelb und Rot
- Decorlack in Schwarz
- Filzstift in Schwarz

Hilfsmittel
- Schere
- Kraftkleber
- Klebestift
- Klebeband

Vorlage D

Känguruh und Schildkröten

Material

- **Wabenpapier in Braun und Gelb**
- **Tonkarton in Rehbraun und Bananengelb**
- **Strohseide-Jute in Gelb-Lachs**
- **Holzstäbchen in Gelb (oder Stiel vom Eis)**
- **Decorlack in Schwarz und Weiß**

Hilfsmittel

- **Schere**
- **Klebestift**
- **Kraftkleber**
- **Klebeband**
- **kleine Säge**

Vorlagen

E, F

Känguruh

❶ Das Känguruh zweimal aus rehbraunem Tonkarton ausschneiden und bis auf die Füße, die jeweils nach außen geknickt werden, zusammenkleben. Einen Streifen mit abgerundeten Enden in der Mitte knicken und von vorne her auf die beiden Beine kleben. Die Ohren aus rehbraunem und bananengelbem Tonkarton sowie Wangen aus gelbem Tonkarton auf beiden Seiten fixieren. Nase, Maul und Augen mit schwarzem bzw. weißem Decorlack auf beiden Seiten aufmalen.

❷ Für jede Seite des Känguruhs eine halbe, birnenähnliche Form aus gelbem und braunem Wabenpapier sowie aus rehbraunem Tonkarton ausschneiden. Die beiden Teile aus Wabenpapier jeweils so zusammenkleben, daß das braune Wabenpapier zum Körper zeigt und am Känguruh fixieren. Die geraden Kanten des nun vierlagigen Wabenpapiers mit Klebstoff bestreichen und zur Sicherheit ein Stück Klebeband herumkleben.

❸ Ein Holzstäbchen in der Mitte auseinandersägen, und die Teile als Vorderbeine jeweils auf das gelbe Wabenpapier kleben (s. Vorlage). Das Wabenpapier mit dem aufgeklebten Holz jeweils mit rehbraunem Tonkarton verkleiden. Die Arme um 180 Grad nach vorne klappen, und das Wabenpapier so entfalten. Aus einem schmalen Streifen aus gelbem Tonkarton eine Schlaufe kleben, und diese über die beiden Vorderbeine führen.

Schildkröten

❶ Die Schildkröten jeweils zweimal aus bananengelbem Tonkarton ausschneiden. Wer die Schildkröte veredeln will, kann den Karton vorher ganzflächig mit Strohseide bekleben. Die Schildkröte mit den langen Beinen steht, die mit kurzen Beinen liegt auf dem Panzer. Die Knicklinien am Beinansatz immer vorprägen, die Beine jeweils nach außen knicken. Beide Teile an Kopf, Körper und Schwanz aufeinanderkleben.

❷ Für jede Seite der Schildkröte zwei Teile für den Panzer (s. Vorlage) aus braunem Wabenpapier ausschneiden, die Teile aufeinanderkleben und auf dem Körper fixieren.

Aus Resten vom Wabenpapier Wangen fertigen. Mit schwarzem und weißem Decorlack Augen, Nasenlöcher, Maul und an den Füßen Zehen aufmalen.

Giraffe und Zebra

Material

Giraffe:

- **Wabenpapier in Braun und Gelb**
- **Tonkarton in Bananengelb und Rehbraun**
- **Graukarton (ca. 1 mm stark)**

Zebra:

- **Wabenpapier in Schwarz und Weiß**
- **Tonkarton in Weiß**

Für beide Tiere:

- **Filzstift in Schwarz**
- **Decorlack in Schwarz**
- **Reborn-Karton in Grau (1 mm stark)**

Giraffe

❶ Die Giraffe zweimal aus gelbem Tonkarton ausschneiden, und die Teile zusammenkleben. Flecken und Ohren aus rehbraunem, das Innere der Ohren aus gelbem Tonkarton ausschneiden und aufkleben. Auf beiden Seiten Nasenloch und Mund mit schwarzem Filzstift einzeichnen, das Auge mit schwarzem Decorlack aufmalen.

❷ Für jede Seite der Giraffe je einen Halbkreis aus gelbem und aus braunem Wabenpapier ausschneiden. Die Halbkreise jeweils ungefähr in der Mitte der 30 Lagen so auseinanderschneiden, daß von jeder Farbe zwei dünnere Halbkreise entstehen. Durch das Trennen entstandene, abstehende Streifen Seidenpapier abschneiden, und die vier Lagen so aufeinanderkleben, daß die Farben abwechseln.

❸ Vier Beine aus Graukarton schneiden und mit gelbem Tonpapier verkleiden. Je ein Bein auf beide Seiten der Giraffe kleben (s. Vorlage). Anschließend ebenfalls auf beiden Seiten das neu kombinierte Wabenpapier befestigen. Die geraden Kanten mit Klebstoff bestreichen und mit Klebeband umkleben. Die anderen beiden Beine deckungsgleich mit den zwei bereits fixierten Beinen auf dem Wabenpapier befestigen, auf einer Seite den gelben Schwanz aus Tonkarton festkleben. Das Wabenpapier auf beiden Seiten mit rehbraunem Tonkarton verkleiden.

❹ Das Wabenpapier bzw. die äußeren Beine auf beiden Seiten um 180 Grad nach hinten klappen. Eine kleine Papierschlaufe, die aus einem kleinen Streifen gelben Tonkartons geklebt wird, über die beiden hinteren Beine ziehen. Die vorderen Beine etwas nach außen biegen, damit die Giraffe gut stehen kann.

Zebra

Das Zebra ebenso fertigen, wie die Giraffe. Den weißen Tonkarton mit schwarzem Filzstift bemalen (s. Vorlage), die Mähne fein einschneiden. Die Beine aus grauem Reborn-Karton ausschneiden, die beiden hinteren Beine auf beiden Seiten schräg fixieren und mit einer weißen Schlaufe zusammenhalten.

Hilfsmittel

- Schere
- Kraftkleber
- Klebestift
- Klebeband

Vorlagen

G, H

Käfer

❶ Für einen Käfer den Körper mit Kopf und Beinen zweimal aus schwarzem bzw. himmelblauem Tonkarton ausschneiden. Fühler und Wangen aus hellgrauem bzw. mittelblauem Tonkarton, die Blätter aus Bananenpapier fertigen. Die Teile für den Körper zusammenkleben, und dabei den Holzstab und die Fühler mit einfassen.

❷ Den Mund beim schwarzen Käfer mit weißem Farbstift, beim blauen Käfer mit schwarzem Filzstift einzeichnen. Die Wangen aufkleben, und die Blätter am Holzstab befestigen.

❸ Für jeden Flügel bzw. Bauch des Käfers zwei halbe, ovale Formen Wabenpapier ausschneiden und aufeinanderkleben, je nach Käfer in Rot und Schwarz oder in Dunkelblau und Schwarz. Die rote bzw. blaue Seite des Wabenpapiers auf der oberen Hälfte des Körpers mit Kraftkleber fixieren. An der geraden Kante des Wabenpapiers reichlich Kleber auftragen und die schwarze Seite des Wabenpapiers dünn mit Klebstoff bestreichen. Das Wabenpapier um 180 Grad aufziehen und die schwarze Seite festkleben. Die andere Seite des Käfers ebenso fertigen.

❹ Mit schwarzem Decorlack die Nase aufmalen. Für die Augen einen etwas größere Tupfen mit weißem Decorlack aufsetzen und, sobald der Lack getrocknet ist, einen etwas kleineren schwarzen Punkt auftupfen.

Material

- Wabenpapier in Rot, Dunkelblau und Schwarz
- Tonkarton in Schwarz, Hellgrau, Himmelblau und Mittelblau
- Bananenpapier in Pfefferminz
- Holzstäbchen in Grün (oder Holzstab vom Stieleis)
- Filzstift in Schwarz
- Farbstift in Weiß
- Decorlack in Schwarz und Weiß

Hilfsmittel

- Schere
- Kraftkleber
- Klebestift

Vorlage I

Blumenkarten

Material
- **Doppelkarten**
- **Filzstift in Schwarz**

Teddy mit Tulpe:
- **Wabenpapier in Rot und Gelb**
- **Tonkarton in Rehbraun**
- **Mikro-Wellpappe in Natur**
- **Bananenpapier in Moos**

„Kleiner Mann“:
- **Wabenpapier in Dunkelblau**
- **3-D-Wellpappe in Blau**
- **Tonkarton in Altrosa, Rot und Schwarz**
- **Bananenpapier in Pfefferminz**

Nilpferd:
- **Wabenpapier in Pink**
- **Tonkarton in Hellgrau, Altrosa und Mausgrau**
- **Bananenpapier in Moos**

Vorlagen
K, L, M

Teddy mit Tulpe

❶ Die Blätter aus Bananenpapier ausschneiden. Den Körper des Bären, die Ohren, das Maul und die Kreise für die Augen aus rehbraunem Tonkarton, die beiden Beine im Vordergrund sowie den Kopf mit angeschnittenem Brustteil aus Mikro-Wellpappe fertigen. Das Maul mit schwarzem Filzstift, Nase und Augen mit Decorlack aufmalen.

❷ Je eine halbe Tulpenform aus gelbem und rotem Wabenpapier aufeinanderkleben und auf einer Seite der Karte an den Mittellinien entlang (siehe S. 7) fixieren. An der geraden Kante des Wabenpapiers reichlich Klebstoff auftragen. Anschließend das Wabenpapier auf der anderen Seite mit Klebstoff bestreichen und die Karte vorsichtig zuklappen.

„Kleiner Mann“ mit Glockenblume

❶ Die Blätter aus Bananenpapier fertigen. Für die Glockenblume die halbe Form aus dunkelblauem Wabenpapier ausschneiden und aufkleben.

❷ Das Gesicht aus altrosafarbenem Tonkarton mit einer roten Wange aus Tonkarton bekleben, mit Decorlack ein Auge aufmalen, und die Haare und den Mund mit einem schwarzen Filzstift einzeichnen. Den Körper aus blauer Wellpappe, Arme und Beine aus schwarzem Tonkarton fertigen.

Nilpferd mit Dahlie

❶ Den Stiel mit dem Blatt aus Bananenpapier ausschneiden. Die halbe Form für die Blüte aus pinkfarbenem Wabenpapier in die Karte einkleben (s. Tulpe).

❷ Für das Nilpferd den Körper aus mausgrauem, den Kopf und einige Steine aus hellgrauem Tonkarton ausschneiden. Altrosafarbene Ohren aus Tonkarton fixieren. Augen und Nasenlöcher mit schwarzem bzw. weißem Decorlack, zwei Haare mit einem schwarzem Filzstift aufmalen.

Papageien

Material

- **3-D-Wellpappe in Blau, Grün und Gelb**
- **Mikro-Wellpappe in Schwarz**
- **Wabenpapier in Grün, Gelb und Blau**
- **Tonkarton in Schwarz, Rehbraun und Gelb**
- **Japanpapier in Braun**
- **Briefkarte in Hellgrün (hochdoppelt)**
- **Bambusstab**
- **Reborn-Karton in Grün**
- **Floristenkrepp in Hellgrün**
- **Geschenkband in Grün**

Hilfsmittel

- **Schere**
- **Kraftkleber**
- **Heißkleber**

Vorlagen

N, O, P

❶ Für jeden Papagei den Körper, das Augenfeld, die einzelne Feder (Grün oder Blau) und beim grünen Papagei das obere, gelbe Kopfteil zweimal, einmal davon spiegelverkehrt, aus 3-D-Wellpappe ausschneiden. Dabei mit dem Verlauf der Wellen abwechseln. Für die Füße schwarze Wellpappe zusammenfalten und das Teil zweimal ausschneiden. Die Wellen am Ansatz niederdrücken, und die Teile nur am Ansatz aufeinander fixieren.
Für den Papagei auf der Karte alle Teile nur einmal ausschneiden.

❷ Die übrigen Motivteile fixieren, die Körperteile zusammenkleben, und dabei den Ansatz der Füße mit einkleben. Den Schnabel zweimal aus schwarzem Tonkarton fertigen, auf beiden Seiten des Papageis am Ansatz fixieren, und die überstehenden Teile aufeinanderkleben. Der Schnabel des blauen Papageis erhält ein weiteres kleines Teil aus gelbem Tonkarton.
Die Augen aus zwei unterschiedlich großen Kreisen aus schwarzem und rehbraunem bzw. gelbem Tonkarton fertigen.

❸ Für den blauen Papagei Wabenpapier für beide Seiten ausschneiden, jeweils am Rücken fixieren, um 180 Grad auffalten und am Bauch befestigen.
Beim grünen Papagei für jede Seite eine grüne und eine gelbe Form aus Wabenpapier zusammenkleben und wie für den blauen Papagei beschrieben am Körper befestigen.
Die Papageien mit Kraftkleber an den Füßen entweder an einem Stab oder einer eckigen Geschenktüte fixieren.

❹ Bei der Karte in der Mitte eine zweite Knicklinie einprägen. Den Flügel in die Karte einkleben, und den Ast aus braunem Japanpapier sowie die übrigen Teile fixieren.

❺ Die dreieckige Geschenktüte aus grünem Reborn-Karton zusammenkleben (s. Vorlage), und am oberen Rand mit Heißkleber einen 20 cm breiten Streifen aus Floristenkrepp befestigen. Diesen blattförmig einschneiden, die Blätter auseinanderziehen und mit einem Geschenkband zusammenbinden.

Affenbande

❶ Für einen Affen den Körper mit angeschnittenem Kopf, die vier Beine und den langen Schwanz aus rehbraunem, das Gesicht und das Innere der beiden Ohren aus chamoisfarbenem Tonkarton ausschneiden. Die chamoisfarbenen Motivteile aufkleben. Mund und Nasenlöcher mit schwarzem Filzstift einzeichnen, die Augen mit schwarzem Decorlack aufmalen.

❷ Die Beine und den Schwanz jeweils am Ansatz auf der Vorderseite des Körpers fixieren. Dabei die Stellungen variieren.

❸ Zwei halbe, ovale Teile aus braunem Wabenpapier ausschneiden. Die Teile auf der Rückseite und auf der Vorderseite eines Affen, jeweils mit einer Hälfte, befestigen. An der geraden Kante des Wabenpapiers jeweils reichlich Klebstoff auftragen, damit die dreißig Lagen des Papiers zusammenhalten. Die andere Seite des Wabenpapiers dünn mit Klebstoff bestreichen, das Papier um 180 Grad aufziehen und festkleben.

❹ Die Beine und Schwänze der Affen über die Kante einer Schere ziehen, damit sie sich einrollen oder rund biegen. Wenn mehrere Affen aneinanderhängen sollen, das Ende eines Beines zur Schlaufe kleben, das Bein eines anderen Affen hindurchschieben und ebenfalls zur Schlaufe kleben. Mit solchen Schlaufen können die Affen auch an einen Bambusstab gehängt werden. Als Aufhängung des Stabes einen Zwirnsfaden an den Enden des Stabes verknoten.

Material
- **Wabenpapier in Braun**
- **Tonkarton in Rehbraun und Chamois**
- **Filzstift in Schwarz**
- **Decorlack in Schwarz**
- **Bambusstab (ca. 30 cm lang)**
- **Zwirn**

Hilfsmittel
- **Schere**
- **Kraftkleber**

Vorlage R

Seehund

Material

- **Wabenpapier in Weiß**
- **Reborn-Karton in Grau**
- **Tonkarton in Weiß und Schwarz**
- **Filzstift in Schwarz**
- **Decorlack in Schwarz**
- **Farbstift in Schwarz**
- **Holzstab (28 cm lang)**
- **Nylonfaden (0,15 mm ∅)**
- **Nylonschnur (0,50 mm ∅) für die Barthaare**

Hilfsmittel

- **Schere**
- **Kraftkleber**
- **Nähnadel**

Vorlage S

❶ Den Kopf, vier Flossen und die Schwanzflosse aus grauem Reborn-Karton ausschneiden, Wangen und Kreise für die Augen aus weißem Tonkarton aufkleben. Das Maul mit schwarzem Filzstift einzeichnen, das Auge und die Nase mit schwarzem Decorlack aufmalen.

❷ Für den Körper zwei Kreise aus Wabenpapier und drei Kreise aus weißem Tonkarton mit einem Durchmesser von 10 cm ausschneiden. Von den Kreisen aus Tonkarton zwei halbieren. Den ganzen Kreis zwischen die beiden Kreise aus Wabenpapier einkleben. Dabei darauf achten, daß die Klebelinien in gleicher Richtung verlaufen. Jeweils zwei Halbkreise aus Tonkarton so auf die Außenseiten des Wabenpapiers kleben, daß die Mittellinien parallel zu den Klebelinien des Wabenpapiers verlaufen.

❸ Die Halbkreise so zusammenkleben, daß die Waben oben und unten liegen, und dabei vorne den Kopf, die Flossen und hinten die Schwanzflosse mit einkleben.
Je einen Nylonfaden durch den oberen Rand der Halbkreise ziehen und verknoten. Nach ca. 50 cm jeweils am Ende eines Rundstabes verknoten. In der Mitte des Wabenpapiers am oberen Rand des Kartonkreises einen dritten Nylonfaden verknoten und in der Mitte des Rundstabes so befestigen, daß der Bauch ein wenig durchhängt. Zieht man am mittleren Faden, wölbt sich der Bauch nach oben.

❹ Drei Abschnitte einer Nylonschnur (0,50 mm ∅) als Barthaare durch die Schnauze führen, und auf beiden Seiten einen Knoten legen. Den Rand der Motivteile nach Belieben mit schwarzem Farbstift schattieren.

Mobile mit Meerestieren

❶ Die Fische aus himmelblauem bzw. gelbem Tonkarton ausschneiden. Das Seepferdchen aus gelbem Tonkarton fertigen. Den gezackten Streifen aus rehbraunem Tonkarton ausschneiden und auf beiden Seiten des Seepferdes aufkleben.

❷ Für die drei Fische mit einfarbigem Bauch für jede Seite eine halbe, ovale Form aus rotem, dunkelblauem bzw. hellblauem Wabenpapier ausschneiden. Für den zweifarbigen Bauch des vierten gelben Fisches für jede Seite zwei ovale, halbe Formen, jeweils in Rot und Gelb, deckungsgleich aufeinanderkleben.
Das Wabenpapier mit einer Seite auf einen Fisch kleben. Die gerade Kante des Wabenpapiers mit reichlich Klebstoff bestreichen, die Waben um 180 Grad aufziehen, und die zweite Seite am Körper fixieren.
Auf beiden Seiten ein Auge mit weißem und schwarzem Decorlack aufmalen.

❸ Beim Seepferd zwei Teile aus gelbem Wabenpapier deckungsgleich aufeinander befestigen. Die Form anschließend auf einer Seite des Seepferdes an der geraden Kante entlang aufkleben. Die gerade Kante des Wabenpapiers mit reichlich Klebstoff bestreichen, das Papier um 360 Grad auffalten und auf der anderen Seite des Seepferdes befestigen.
Mit weißem und schwarzem Decorlack auf beiden Seiten ein Auge aufmalen.

❹ Das Teil für die Wellen fünfmal aus mittelblauem Tonkarton ausschneiden und jeweils in der Mitte knicken. Jeweils die eine Hälfte einer Welle mit einer Hälfte einer anderen Welle deckungsgleich so zusammenkleben, daß alle Knicklinien in der Mitte zusammentreffen. In der Mitte der Wellen einen Faden als Aufhängung befestigen. An den Wellen jeweils im äußeren Drittel mit einem dünnen Nylonfaden ein Meerestier anhängen. Die Fäden sollten unterschiedlich lang sein.
Aus dunkelblauem Wabenpapier eine „Welle“ ausschneiden, das Wabenpapier aufziehen, und einzelne Waben an den Seiten wegschneiden. Die Welle in der Mitte des Mobiles festkleben.

Material
- **Wabenpapier in Dunkelblau, Hellblau, Rot und Gelb**
- **Tonkarton in Himmelblau, Mittelblau, Bananengelb und Rehbraun**
- **Decorlack in Schwarz und Weiß**
- **Nylonfaden (0,15 mm ∅)**

Hilfsmittel
- **Schere**
- **Kraftkleber**
- **Nähnadel**

Vorlagen
T1, T2, T3

Kleine Taube

Material
- **Wabenpapier in Dunkelblau**
- **Graukarton (ca. 1 mm dick)**
- **Tonkarton in Bananengelb und Dunkelblau**
- **Reborn-Karton in Blau**
- **Decorlack in Schwarz und Weiß**
- **Nylonfaden (0,15 mm ∅)**
- **Holzstab (ca. 18 cm lang)**
- **kleine Perle**

Hilfsmittel
- **Schere**
- **Kraftkleber**
- **Klebestift**
- **Klebeband**
- **feiner Bohrer**
- **Nähnadel**

Vorlage U

❶ Den Vogel aus Graukarton ausschneiden und auf beiden Seiten mit dunkelblauem Tonkarton verkleiden. Auf beiden Seiten ein Kopfteil und einen eingeschnittenen Schwanz aus blauem Reborn-Karton sowie den Schnabel aus gelbem Tonkarton fixieren.

❷ Für jeden Flügel blaues Wabenpapier nach der Vorlage zuschneiden. Die gerade Kante mit Klebstoff bestreichen und mit einem Stück Klebeband umkleben. Anschließend das Wabenpapier beidseitig mit dunkelblauem Tonpapier verkleiden und auf der jeweiligen Oberseite des Flügels Deckfedern aus blauem Reborn-Karton fixieren. Die Flügel jweils mit der Unterseite auf den Körper kleben (s. Vorlage).

❸ In der Mitte des Holzstabes ein Loch bohren. Am Rücken des Vogels, jeweils links und rechts vom Flügel, zwei Nylonfäden anbringen, und diese jeweils an den Enden des Holzstabes verknoten.
An jeder Flügelspitze ebenfalls einen Nylonfaden mit einer Nähnadel durch das Tonpapier führen und verknoten. Diese beiden Fäden durch das Loch im Holzstab führen und mit einer Perle so verknoten, daß die Flügel nach unten hängen, wenn alle Fäden straff gespannt sind. Wenn man an der Perle zieht, flattert die Taube mit den Flügeln.

❹ Mit weißem Decorlack auf beiden Seiten einen größeren Tupfen als Auge auftragen. Sobald der Lack getrocknet ist, mit schwarzem Decorlack jeweils einen kleinen Punkt in die Mitte setzen.

Neben dieser Auswahl aus der Brunnen-Reihe haben wir noch viele andere Bücher im Programm. Wir informieren Sie gerne - fordern Sie einfach unsere neuen Prospekte an:

- **Bücher für Ihre Kinder:** Basteln, Spielen und Lernen mit Kindern
- **Bücher für Ihre Hobbys:** Stoff und Seidenmalerei, Malen und Zeichnen, Keramik, Floristik
- **Bücher zum textilen Handarbeiten:** Sticken, Häkeln und Patchwork

Wir sind für Sie da, wenn Sie Fragen zu AutorInnen, Anleitungen oder Materialien haben. Und wir interessieren uns für Ihre eigenen Ideen und Anregungen. Faxen, schreiben Sie oder rufen Sie uns an. Wir hören gerne von Ihnen! Ihr Christophorus-Verlag

CHRISTOPHORUS
Bücher mit Ideen

Hermann-Herder-Str. 4 / 79104 Freiburg i. Breisgau
Tel: 0761/2717-268 oder Fax: 0761/2717-35